科学のアルバム

森のキタキツネ

右高英臣

あかね書房

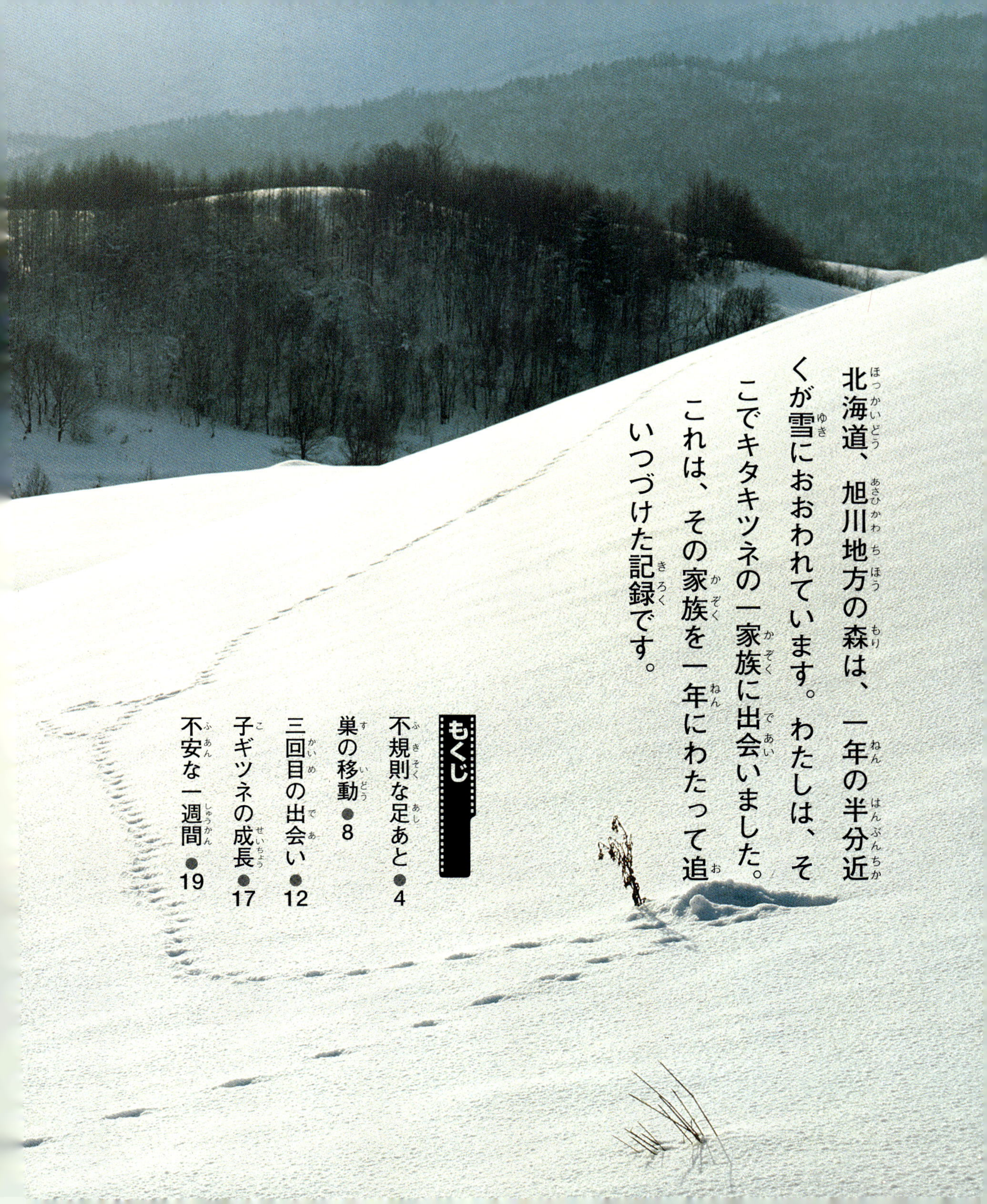

北海道《ほっかいどう》、旭川地方《あさひかわちほう》の森《もり》は、一年《ねん》の半分近《はんぶんちか》くが雪《ゆき》におおわれています。わたしは、そこでキタキツネの一家族《かぞく》に出会《であ》いました。これは、その家族《かぞく》を一年《ねん》にわたって追《お》いつづけた記録《きろく》です。

もくじ

構成協力●山下宜信
協力●東京大学北海道演習林
森林動物研究室
有澤　浩
イラスト●渡辺洋二
林　四郎
装丁●画　工　舎

寒《さむ》さがきびしく、雪《ゆき》の多《おお》い年《とし》には、枝《えだ》に雪玉《ゆきだま》がたくさんできます。

森《もり》の中《なか》へとつづくキタキツネの足《あし》あと。ときには、六キロメートルもつづいていることがあります。

不規則《ふきそく》な足《あし》あと

三月《がつ》、寒《さむ》さはいくぶんやわらぎ、日中《にっちゅう》の森《もり》では、雪《ゆき》どけがはじまります。ピューイ、ピューイ、ピューイ。ゴジュウカラのかん高《だか》いなき声《ごえ》が、森中《もりじゅう》にひびきわたっていきます。

キタキツネの足《あし》あとをたどっていたわたしは、休《やす》みやすみ歩《ある》いたような、不規則《ふきそく》な足《あし》あとをみつけました。キツネの足《あし》あとは、もっとリズミカルでまっすぐなはずです。でも大《おお》きさは、たしかにキツネのものです。

わたしは、その足《あし》あとをなん日《にち》も追《お》いつづけました。しかし、ふぶきが一夜《や》にして、すべてをかき消《け》してしまい、また、新《あたら》しい足《あし》あとをさがさなければなりませんでした。

→森《もり》の斜面《しゃめん》には、フキノトウが芽《め》ぶきはじめています。

←人間《にんげん》のしかけたトラバサミにでもはさまれて、足《あし》のさきがちぎれてしまったのでしょうか。

四月《がつ》になると、雪《ゆき》どけはいっそう早《はや》くなり、新《あたら》しい足《あし》あとと古《ふる》い足《あし》あとのみわけがつきにくくなってきました。

わたしは記憶《きおく》をたよりに、不規則《ふきそく》な足《あし》あとがついていた森《もり》で、今度《こんど》はキタキツネがあらわれるのを待《ま》つことにしました。

四月《がつ》二十日《か》、森《もり》の斜面《しゃめん》で一ぴきのキツネを発見《はっけん》。よくみると、どこかぎこちない歩《ある》きかたです。

つぎの日《ひ》、夜明《よあ》け前《まえ》から観察《かんさつ》していると、巣《す》とみられるカツラの大木《たいぼく》の根《ね》もとから、キツネが出《で》いりしていました。しかも、そのキツネは右前足《みぎまえあし》の足首《あしくび》からさきがありません。不規則《ふきそく》な足《あし》あとは、このキツネのものにちがいない、わたしはそう思《おも》いました。それに、おなかにふくらんだ乳房《ちぶさ》がみえます。どうやらめす親《おや》のようです。

キタキツネは、ふつう一～三月《がつ》に交尾《こうび》し、やく五十二日後《にちご》に子《こ》をうむといわれています。この巣《す》でも、子育《こそだ》てがはじまっているようです。

巣《す》の上《うえ》でけいかいするおす(右《みぎ》)とめす(左《ひだり》)。キタキツネのおすは，めすより少《すこ》し大《おお》きい。

巣《す》の移動《いどう》

五月《がつ》二日《か》、カツラの根《ね》もとの巣《す》には、もうキタキツネはいませんでした。どこかほかの場所《ばしょ》へ移《うつ》ったのでしょうか。

五月《がつ》七日《か》、もとの巣《す》からやく二百《ひゃく》メートルはなれた場所《ばしょ》に、二ひきのキツネがいるのを、遠《とお》くからみかけました。

つぎの日《ひ》、こんもりと土《つち》のもり上《あ》がった場所《ばしょ》から、とつぜん、子《こ》ギツネをくわえたキツネがとび出《だ》してきました。

十数分後《すうふんご》、また同《おな》じキツネが、子《こ》ギツネをくわえて走《はし》り去《さ》っていきました。三度目《どめ》のときです。前《まえ》を走《はし》るキツネを追《お》って、ぎこちない足《あし》どりのキツネがとび出《だ》していくではありませんか。

わたしに対《たい》して、きけんを感《かん》じたのでしょうか。またしても、ほかの場所《ばしょ》へ巣《す》を移《うつ》したようです。

⬆子《こ》をもつキタキツネは，とてもけいかい心《しん》が強《つよ》く，きけんを感《かん》じるとなん度《ど》も巣《す》をかえます。また，子《こ》の成長《せいちょう》にあわせて巣《す》をかえることもあります。

尾根《おね》の上《うえ》から、あたりをけいかいするキタキツネのおす親《おや》。
おす親《おや》のやくめは、おもに巣《す》の近《ちか》くをみはることです。

➡子《こ》ギツネは、たん生後《じょうご》やく二週間《しゅうかん》で目《め》があき、一か月後《げつご》ぐらいから巣《す》の外《そと》へ出《で》てくるようになります。

⬅めす親《おや》は、巣《す》の手前《てまえ》で一度《ど》あたりをけいかいしてから中《なか》にはいります。

三回目《かいめ》の出会《であ》い

巣《す》の移動《いどう》から四日目《かめ》。斜面《しゃめん》をのぼりきった尾根《おね》で、おすのキタキツネをみつけました。近《ちか》くに巣《す》があるにちがいありません。

二度《ど》の失敗《しっぱい》から、今度《こんど》は巣《す》に近《ちか》づく方法《ほうほう》をかえ、わざとひとりごとを言《い》ったり、歌《うた》をうたいながら観察《かんさつ》することにしました。そっと近《ちか》づいて、けいかい心《しん》を強《つよ》めさせるより、きけんでないことをはやく知《し》ってもらったほうがよいと考《かんが》えたからです。どうやら巣《す》は、カツラの古《ふる》い切《き》り株《かぶ》の中《なか》にあるようです。

五月十七日《にち》、切《き》り株《かぶ》の中《なか》から、まるで黒《くろ》い子犬《こいぬ》のようなものが顔《かお》をのぞかせました。子《こ》ギツネです。元気《げんき》に育《そだ》っているようです。

つぎの日《ひ》は、暗《くら》いうちから森《もり》にはいりました。待《ま》つこと十一時間《じかん》。ネズミをくわえたキツネが、巣《す》に帰《かえ》ってきました。「あいつだ！」わたしは、思《おも》わず心《こころ》の中《なか》でさけびました。

➡キタキツネのめすは、三～八ぴきの子《こ》をうみます。十ぴきの子《こ》が出《で》てきたときは、おどろきました。巣《す》の出入口《でいりぐち》は数《すう》か所《しょ》あるらしく、別《べつ》のめす親《おや》は、最後《さいご》まで確認《かくにん》できませんでした。

⬅めす親《おや》が巣《す》にいるのは、十分《ぷん》ぐらいです。その間《あいだ》だけ、子《こ》ギツネは巣《す》の中《なか》から出《で》てきてあそびます。

キタキツネの子育《こそだ》ては、もっぱらめす親《おや》のやくめです。

五月《がつ》二十一日《にち》、めす親《おや》が巣《す》にはいったあと、九ひきもの子《こ》ギツネが巣《す》の外《そと》へ出《で》てきました。つぎの日《ひ》には、十ぴきの子《こ》ギツネが、めす親《おや》の乳房《ちぶさ》にむらがっていました。

二日後《かご》のことです。めす親《おや》が巣《す》の前《まえ》でクックッとなくと、五ひきだけが乳房《ちぶさ》にむらがり、あとの五ひきは、巣《す》のそばであそんでいるだけです。半分《はんぶん》にわけて乳《ちち》をのませるのかと思《おも》いましたが、そのようすはありません。

以前《いぜん》わたしは、二ひきのめす親《おや》が同《おな》じ巣《す》で、八ぴきの子《こ》を育《そだ》てたのを観察《かんさつ》したことがあります。それと同《おな》じ例《れい》なのでしょうか。

それから三日後《かご》、巣《す》には五ひきの子《こ》ギツネが残《のこ》っていました。別《べつ》のめす親《おや》と子《こ》ギツネは、ほかの巣《す》へ移《うつ》ったのでしょう。

➡子《こ》に乳《ちち》をのませる時間《じかん》は、一回《かい》に二、三分《ぷん》です。その間《あいだ》、立《た》ったままでけいかいをおこたりません。

⬅めす親《おや》におくれないようにけんめいに歩《ある》く、生後《せいご》やく二か月《げつ》の子《こ》ギツネ。

子《こ》ギツネの成長《せいちょう》

森《もり》がすっかり若葉《わかば》につつまれると、巣《す》はみえにくくなり、そのうえ、からだ中《じゅう》をブヨにさされるので、観察《かんさつ》をなげ出《だ》したくなります。

子《こ》ギツネは、黒《くろ》い毛《け》がちゃ色《いろ》にかわり、鼻《はな》さきもつき出《で》て、キツネらしくなってきました。それに、親《おや》のいないときでも、巣《す》から出《で》て近《ちか》くであそぶようになりました。

めす親《おや》は毎日《まいにち》、午前《ごぜん》七時《じ》と午後《ごご》三時《じ》ごろ、ネズミや鳥《とり》のひななどをくわえて巣《す》に帰《かえ》ってきます。すると、えさをめぐって、うばいあいがはじまります。しかし、えさを食《た》べるのは、最初《さいしょ》にえさにとびついた一ぴきだけで、ほかの四ひきはめす親《おや》の乳《ちち》をのんでいます。

五月《がつ》三十日《にち》、二ひきの子《こ》ギツネは、生《う》まれてはじめて、めす親《おや》につれられて巣《す》を出《で》ていきました。いよいよ、子《こ》ギツネに外《そと》の世界《せかい》をおしえる訓練《くんれん》がはじまったのです。

➡一週間《しゅうかん》なにも食《た》べていないと思《おも》われる子《こ》ギツネは、空腹《くうふく》にもかかわらず、もの音《おと》ひとつたてません。

⬅きずついた足《あし》をひきずるように歩《ある》くめす親《おや》。

不安《ふあん》な一週間《しゅうかん》

六月《がつ》二日《か》、朝《あさ》からのはげしい雨《あめ》は、昼《ひる》すぎには小《こ》ぶりになりましたが、巣《す》にキツネのいるようすはありません。つぎの日《ひ》もそのつぎの日《ひ》も、やはり同《おな》じです。ほかの場所《ばしょ》へ移《うつ》ったのだろうか。わたしは不安《ふあん》になりました。

六月《がつ》八日《か》の夕《ゆう》ぐれ近《ちか》く、やっと一ぴきの子《こ》ギツネが、巣《す》から顔《かお》をのぞかせました。

でも、この一週間《しゅうかん》、めす親《おや》のすがたはありません。もしかしたら、死《し》んでしまったのでしょうか。

六月《がつ》九日《か》午後《ごご》二時《じ》、森《もり》の斜面《しゃめん》をあえぎながらおりてくるめす親《おや》をみつけました。よくみると、左足《ひだりあし》二本《ほん》で歩《ある》いているようです。

ようやく巣《す》の前《まえ》まできたとき、子《こ》ギツネたちがとび出《だ》してきました。しかし、めす親《おや》はクォッとないて子《こ》を巣《す》の中《なか》にいれると、そのままうつぶせにたおれてしまいました。

➡めす親《おや》はときどき、きず口《くち》をなめては、目《め》をとじます。こんな状態《じょうたい》がつぎの日《ひ》の夜明《よあ》けまでつづきました。野犬《やけん》にでもやられたのだろうか。わたしはどうすることもできず、ただみまもるだけでした。

➡もう子《こ》ギツネはめす親《おや》の乳《ちち》をのみません。歯《は》もかなりはえそろっています。

⬅子《こ》ギツネといっしょに草原《そうげん》であそぶめす親《おや》。すっかり元気《げんき》をとりもどしました。

夏《なつ》の草原《そうげん》で

七月《がつ》の強《つよ》い日《ひ》ざしが、尾根《おね》で観察《かんさつ》しているわたしに、ようしゃなくてりつけます。

子《こ》ギツネたちは、巣《す》の近《ちか》くでそれぞれはらばいになり、日中《にっちゅう》の暑《あつ》さをしのいでいます。

きずのなおっためす親《おや》は、朝夕《あさゆう》の二回《かい》、えさを運《はこ》んできます。その時《じ》こくにあわせて、子《こ》ギツネたちも、巣《す》から少《すこ》しはなれた草原《そうげん》に出《で》てあそびます。育《そだ》ちざかりの子《こ》ギツネは、冬毛《ふゆげ》がぬけおちてやせほそっためす親《おや》より大《おお》きくみえます。でも、まだめす親《おや》の口《くち》をめがけてとびかかり、えさのさいそくをします。

めす親《おや》は、大《おお》きくなった子《こ》ギツネのえささがしに、いそがしい毎日《まいにち》です。この季節《きせつ》、ほかの巣《す》では、おす親《おや》も協力《きょうりょく》してえさを運《はこ》んでいるのを、ときどきみかけました。しかし、この家族《かぞく》のおす親《おや》は、まったくそのすがたをみせなくなってしまいました。

八月《がつ》になると、巣《す》をたずねても、子《こ》ギツネに出会《であ》えない日《ひ》が多《おお》くなりました。行動《こうどう》はんいが広《ひろ》がり、巣《す》の近《ちか》くにはほとんどいないからです。

草原《そうげん》であそぶ子《こ》ギツネたちは、追《お》っかけあったり、とっくみあったり、かたときもじっとしていません。とくに、動《うご》くものに興味《きょうみ》をしめし、バッタをひっきりなしに追《お》いまわしていました。

このころになると、子《こ》ギツネたちの個性《こせい》が、しだいにあらわれてきます。尿《にょう》をするしぐさなどから、おす四ひきにめす一ぴきの兄妹《きょうだい》だとわかりました。

また、成長《せいちょう》のはやい子《こ》ギツネが、二、三日《にち》すがたをみせなくなることもあります。めす親《おや》の行動《こうどう》はんいを自分《じぶん》だけで歩《ある》きはじめ、巣《す》のまわり以外《いがい》で夜《よる》をすごすようになったのです。

➡子《こ》ギツネどうしのはげしいとっくみあい。こうしたあそびのなかから、兄妹間《きょうだいかん》での強弱《きょうじゃく》の差《さ》ができていきます。

⬅夏《なつ》の森《もり》をかけまわる二ひきの子《こ》ギツネ。まだこのころは、めす親《おや》の行動《こうどう》はんいから出《で》ていくことはありません。

⬆するどい目《め》つきでえものをねらう子《こ》ギツネ。でも，視力《しりょく》はあまりよくないといわれています。

ひとりだち

九月《がつ》二十日《か》、それまでなん回《かい》も遠出《とおで》をしていた子《こ》ギツネが、とうとうめす親《おや》のところに帰《かえ》ってこなくなりました。ひとりだちしていったようです。

ほかの四ひきの子《こ》ギツネも、それから六日《か》の間《あいだ》に、つぎつぎと草原《そうげん》から去《さ》っていきました。めす親《おや》のけがや、おす親《おや》が子育《こそだ》てに協力《きょうりょく》しなかったせいか、成《せい》長《ちょう》がおくれてしまいました。そのため、ほかの巣《す》の子《こ》ギツネよりも、やく一か月《げつ》もおそい旅《たび》だちです。

⬆バッタを追《お》う子《こ》ギツネ。ひとりだち前《まえ》の子《こ》ギツネは，めす親《おや》からあまりえさをあたえられないせいか，しきりに昆虫《こんちゅう》をとらえて食《た》べます。これが，狩《か》りの練習《れんしゅう》にもなります。

古《ふる》いふん①や新《あたら》しいふん②から，キツネの行動《こうどう》はんいをしります。また，植物《しょくぶつ》のたねのまじったふん③から，食《た》べたものや食《た》べた場所《ばしょ》がわかります。

朝霧《あさぎり》の森《もり》で

子《こ》ギツネのひとりだちとともに、めす親《おや》も巣《す》に帰《かえ》ってこなくなりました。そのうえ、森《もり》は霧《きり》にとざされ、子《こ》ギツネたちをみつけるのは、とても困難《こんなん》です。

そこでわたしは、キツネのふんをさがして、牧草地《ぼくそうち》や森《もり》の中《なか》を歩《ある》きまわりました。キタキツネは、石《いし》や倒木《とうぼく》の上《うえ》など目《め》につきやすい場所《ばしょ》に、ふんをよくします。新《あたら》しいふんがみつかると、あすこそ子《こ》ギツネに出会《であ》えるようにと、いのるようなきもちになるのでした。

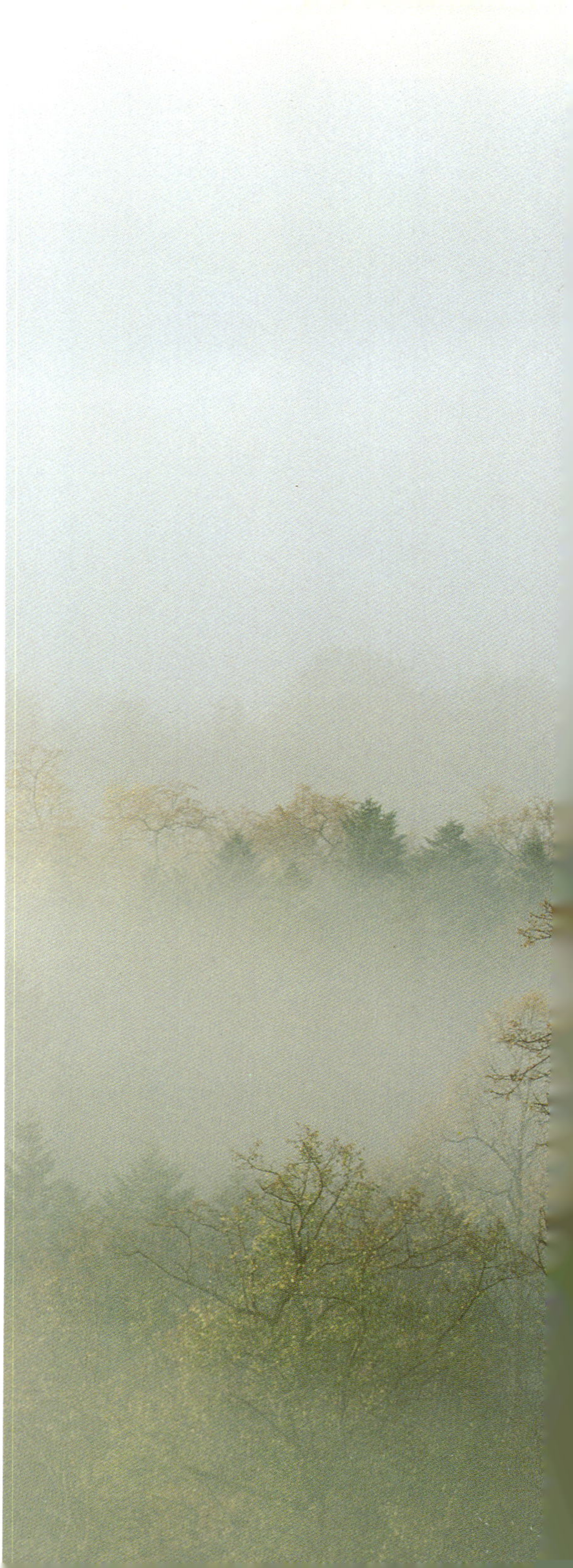

十月《がつ》七日《か》の夕《ゆう》ぐれ近《ちか》く、巣《す》からやく一キロメートルはなれた森《もり》の中《なか》で、やっと一ぴきのキタキツネに出会《であ》いました。顔《かお》やからだつきから、このキツネが、足《あし》の不自由《ふじゆう》なめす親《おや》からうまれたおすの子《こ》ギツネだとわかりました。

出会《であ》った森《もり》のとなりは、広《ひろ》びろとした畑《はたけ》です。そこで、食《た》べかけのトウモロコシやくさりかけたスイカをみつけました。キツネの食《た》べあとです。近《ちか》くの川岸《かわぎし》には、魚《さかな》や水鳥《みずとり》を食《た》べたあとも残《のこ》っていました。

キタキツネのえものは、おもにネズミやウサギなどの小動物《しょうどうぶつ》ですが、夏《なつ》から秋《あき》にかけては、昆虫《こんちゅう》や植物《しょくぶつ》の実《み》も多《おお》く食《た》べます。

この季節《きせつ》、キタキツネは、おもに早朝《そうちょう》と夕方活動《ゆうがたかつどう》します。行動《こうどう》はんいがだいたいわかってきたこの子《こ》ギツネにも、一週間《しゅうかん》に一度《ど》くらいしか出会《であ》えません。

➡えものをさがす子《こ》ギツネ。まっすぐのびた太《ふと》いしっぽ、ピンとたてた耳《みみ》、もうすっかりおとなのキツネです。

⬅秋空《あきぞら》をわたり鳥《どり》がとんでいくたびに、まるでえものをねらうかのように身《み》がまえ、上空《じょうくう》をみ上《あ》げます。

野生化《やせいか》したミンクの死《し》がいに近《ちか》づき，おそるおそるしっぽをひっぱる子《こ》ギツネ。

キタキツネは耳《みみ》がとてもびんかんで、かすかなもの音《おと》も聞《き》きのがしません。えものが、ほんの少《すこ》しでも音《おと》をたてると、背《せ》を低《ひく》くしてしのびよります。そして、いきなり空中《くうちゅう》にジャンプし、とびおりざまに前足《まえあし》と口《くち》でえものをとらえます。

朝霧《あさぎり》のたちこめる森《もり》の中《なか》で、子《こ》ギツネがなん度《ど》もジャンプをくりかえしていました。

秋《あき》が深《ふか》まり，えさにありつけることもだんだん少《すく》なくなりました。

落《お》ち葉《ば》のベッド

木《き》の葉《は》がちると、森《もり》はみとおしがよくなります。わたしはまた、一日中《にちじゅう》森《もり》を歩《ある》き、子《こ》ギツネを追《お》いつづけました。

音《おと》もたてずに歩《ある》く子《こ》ギツネは、めいわく顔《がお》でわたしをふりかえります。落《お》ち葉《ば》をふむわたしの足音《あしおと》が、えささがしのじゃまになるのでしょう。

そこで、少《すこ》しはなれて、ゆっくり歩《ある》いていると、今度《こんど》は子《こ》ギツネをみうしないそうになります。わたしは、ぬれた落《お》ち葉《ば》に足《あし》をすべらせながら、追《お》いつづけました。

ひとりだちしたキツネには、きまったねぐらはなく、つかれるとその場《ば》で休《やす》みます。落《お》ち葉《ば》の上《うえ》で休《やす》む子《こ》ギツネをみつけると、わたしもその場《ば》にすわりこんでしまうのでした。

朝露《あさつゆ》をはらって，毛《け》づくろいをする子《こ》ギツネ。

大《おお》きくのびをする子《こ》ギツネ。長《なが》くてするどい犬歯《けんし》がよくめだちます。

落《お》ち葉《ば》の上《うえ》で，１時間《じかん》ほど休《やす》んでいた子《こ》ギツネ。

⇦カラマツが黄《おう》かっ色《しょく》に色《いろ》づくと、北国《きたぐに》の秋《あき》もおわり、なまり色《いろ》の空《そら》から、みぞれまじりの雪《ゆき》がふりはじめます。

←耳《みみ》をうしろにたおし、しっぽをまるめて敵意《てきい》のないしぐさをする子《こ》ギツネ（右《みぎ》）と、しっぽをふってむかえるめす親《おや》。

→この子《こ》ギツネは、たびたびこの場所《ばしょ》にやってきてはたたずんでいました。

親子《おやこ》の再会《さいかい》

十一月《がつ》十日《か》、森《もり》に初雪《はつゆき》がふりました。朝《あさ》から子《こ》ギツネの足《あし》あとを追《お》っていたわたしは、子《こ》ギツネとほかのキツネがにらみあっているのを目《もく》げきしました。

数秒後《すうびょうご》、子《こ》ギツネが走《はし》りより、鼻先《はなさき》をくっつけたり、口《くち》を大《おお》きくあけて、あまえているようすです。みると、あいては、あのめす親《おや》ではありませんか。ひとりだち以来《いらい》の親子《おやこ》の再会《さいかい》です。

しかし、再会《さいかい》のよろこびもつかのま。やがて子《こ》ギツネが走《はし》り去《さ》り、そのあとを十メートルばかり追《お》ったためす親《おや》も、別方向《べつほうこう》に去《さ》っていきました。

生《う》まれて一年目《ねんめ》の子《こ》ギツネは、めす親《おや》の活動場所《かつどうばしょ》に近《ちか》いところでくらしています。そのため、親子《おやこ》の再会《さいかい》は、ときどきあるのかもしれません。

長《なが》い冬毛《ふゆげ》におおわれたからだは，とても大《おお》きくみえます。

えものをねらってジャンプする子《こ》ギツネ。雪《ゆき》の下《した》で活動《かつどう》しているトガリネズミかエゾヤチネズミをみつけたのでしょう。

夕方《ゆうがた》，えさをさがしに出《で》かける子《こ》ギツネ。

冬《ふゆ》のえささがし

森《もり》は、すっかり雪《ゆき》におおわれてしまいました。いままで、おもに森《もり》の中《なか》や森《もり》ととなりあった牧草地《ぼくそうち》、荒《あ》れ地《ち》、田畑《たはた》などでえさをさがしていたキタキツネが、人家《じんか》近《ちか》くにもあらわれるようになりました。

活動時間《かつどうじかん》は、夕方《ゆうがた》から早朝《そうちょう》が多《おお》くなり、日中《にっちゅう》はなかなか出会《であ》えません。また、ふぶきや風《かぜ》の強《つよ》い日《ひ》は、すぐれた耳《みみ》もやくにたたないのか、あまり活動《かつどう》しないようです。

⬆夜《よる》，人《じん》家《か》近《ちか》くで人間《にんげん》の食《た》べのこしやニワトリの死《し》がい，ほした魚《さかな》までもあさることがあります

➡足《あし》の指《ゆび》をひろげて雪《ゆき》にしずむのをふせぐキタキツネ。でも、やわらかい新雪《しんせつ》の上《うえ》は、おもうように歩《ある》けません。

⬅キタキツネは、一年中《ねんじゅう》、行動《こうどう》はんい内《ない》に尿《にょう》をしますが、一～三月《がつ》の恋《こい》の季節《きせつ》に、めだって回数《かいすう》が多《おお》くなります。

においのマーク

一月下旬《がつげじゅん》、雪《ゆき》は一メートルをこえ、気温《きおん》はマイナス三十度以下《どいか》にもなります。キタキツネは、このいちばん寒《さむ》い時期《じき》に、日中《にっちゅう》も活動《かつどう》をはじめます。恋《こい》の季節《きせつ》をむかえたのです。

わたしは、上着《うわぎ》とズボンに四個《こ》、カメラにも一個《こ》のカイロをつけて出発《しゅっぱつ》しました。

雪面《せつめん》に残《のこ》されたキツネの足《あし》あとをたどっていくと、キツネが尿《にょう》をしたあとがあります。ひらけた場所《ばしょ》では、目《め》じるしになるものがあると尿《にょう》をします。森《もり》の中《なか》では、十メートルおきに尿《にょう》をしていることもありました。

尿《にょう》は、キツネがじぶんの行動《こうどう》はんいをほかのキツネに知《し》らせる信号《しんごう》です。また、この信《しん》号《ごう》で、おすはめすをさがします。

深《ふか》い雪《ゆき》の中《なか》では、山《やま》スキーをはいていても、ひざまでうもれてしまいます。寒《さむ》さでカメラも思《おも》うように動《うご》かないことがありました。

← 朝《あさ》、雪《ゆき》にうずもれたキタキツネの死体《したい》をみつけました。わたしがこの一年《ねん》に出会《であ》った八ぴき目《め》の死《し》です。

→ 恋《こい》の季節《きせつ》になると、以前《いぜん》は活動《かつどう》しなかった風《かぜ》の強《つよ》い日《ひ》やはげしい雪《ゆき》の日《ひ》でも、日中《にっちゅう》から活動《かつどう》します。

生《せい》と死《し》、そして新《あら》たな出会《であ》い

雪面《せつめん》に残《のこ》るキタキツネの活動《かつどう》のあとは、足《あし》あとや尿《にょう》だけではありません。みはらしのよい日《ひ》だまりには、直径《ちょっけい》四十センチメートルぐらいの雪《ゆき》のくぼみがあります。キツネが休《やす》んだあとです。また、深《ふか》さ一メートルをこすなめのあなをほり、雪《ゆき》の下《した》にうずもれたえさを、ほり出《だ》したりもします。

足《あし》あとを追《お》っていると、キツネの死《し》に出《で》会《あ》うことがあります。

キタキツネは、親《おや》に育《そだ》てられている間《あいだ》やひとりだちの時期《じき》に、病気《びょうき》やけが、交通事《こうつうじ》故《こ》などで多《おお》くが死《し》んでいきます。そして、それらの時期《じき》をぶじにすごしたキツネをまちうけているのが、冬《ふゆ》の寒《さむ》さとうえ、それに人間《にんげん》の銃《じゅう》やわなです。

こうしたきけんをのりこえたキツネたちが、新《あら》しいいのちをはぐくんでいくのです。

エゾリスを追《お》って五メートルも木《き》をかけのぼることがあります。

トビやカラスの死《し》がいは、冬《ふゆ》のきちょうなえさのひとつです。

樹氷《じゅひょう》の森《もり》で、雪面《せつめん》に鼻先《はなさき》をつっこんでえさをさがす子《こ》ギツネ。

二月《がつ》六日《か》、雪面《せつめん》にいりみだれてつづくふたつの足《あし》あとをみつけました。キタキツネのおすとめすの足《あし》あとです。わたしは、不規則《ふきそく》な足《あし》あとを追《お》った一年《ねん》前《まえ》の日《ひ》びを思《おも》いだしながら、いままた、新《あら》たな追跡《ついせき》をはじめていました。

遠《とお》くにめすをみつけたのでしょうか。クォッ，クォッ，クォー。かん高《だか》いおすのなき声《ごえ》が，朝日《あさひ》にかがやく雪面《せつめん》をひびきわたっていきます。

あとがき

北国《きたぐに》の季節《きせつ》が移《うつ》りかわるなかで、わたしは多《おお》くのキタキツネの生《せい》と死《し》に出会《であ》ってきました。

ある年《とし》の春《はる》、トラバサミに足《あし》をはさまれた若《わか》いキツネが、なんとか巣《す》にたどりついたものの、うえのために死《し》んでしまいました。白骨化《はっこつか》した足《あし》にくいこむ赤《あか》さびたわなを、わたしはわすれることができません。

ここに出《で》てくる三本足《ぼんあし》のキタキツネは、たび重《かさ》なる苦難《くなん》を生《い》きぬいて、無事子《ぶじこ》どもを育《そだ》てあげました。子《こ》ギツネが去《さ》っていった夕映《ゆうば》えの尾根《おね》にすわり、子《こ》を待《ま》ちつづけるめす親《おや》のすがたが、心《こころ》にやきついています。

動物園《どうぶつえん》のキタキツネしか知《し》らなかったわたしの幼《おさな》い子《こ》どもたちが、野山《のやま》をかける子《こ》ギツネに出会《であ》ったとき、「自由《じゆう》なキツネだね」といったのを今《いま》でもよくおぼえています。

しかし、森《もり》はまた深《ふか》い雪《ゆき》にとざされ、風《かぜ》で舞《ま》い上《あ》がる粉雪《こなゆき》にわたしの足《あし》あともかき消《け》されてしまいます。あのキタキツネは、今《いま》はもう遠《とお》い記憶《きおく》の中《なか》でしか会《あ》えません。

（一九八三年二月）　**右高英臣**

右高英臣（みぎたか　ひでおみ）

一九四三年、岐阜県多治見市《ぎふたじみ》に生まれる。日本大学芸術《げいじゅつ》学部写真学科を卒業。現在《げんざい》、フリーの写真家として〝人間と自然《しぜん》との調和〟をテーマに、自然界の山ふところで撮影中《さつえいちゅう》。その詩情豊《しじょうゆた》かな作品は、多くの人びとの感動をよび起こしている。

おもな著書《ちょしょ》に「エゾリスの森」「キツツキの森」（共にあかね書房）がある。

NDC489

右高英臣

科学のアルバム　動物・鳥 13

森のキタキツネ

あかね書房 1983

56P　23×19cm

科学のアルバム

森のキタキツネ

一九八三年 二 月初版

二〇〇五年 四 月新装版第 一 刷

二〇二三年一〇月新装版第一二刷

著者　右高英臣

発行者　岡本光晴

発行所　株式会社 あかね書房

〒一〇一―〇〇六五

東京都千代田区西神田三―二―一

電話〇三―三二六三―〇六四一（代表）

https://www.akaneshobo.co.jp

印刷所　株式会社 精興社

写植所　株式会社 田下フォト・タイプ

製本所　株式会社 難波製本

ISBN978-4-251-03377-2

定価は裏表紙に表示してあります。

落丁本・乱丁本はおとりかえいたします。

○表紙写真

・子《こ》ギツネといっしょに草原《そうげん》であそぶめす親《おや》

○裏表紙写真（上から）

・キタキツネの親子《おやこ》

・雪《ゆき》の上《うえ》のキタキツネ

・草原《そうげん》であそぶ子《こ》ギツネたち

○扉写真

・雪《ゆき》の上《うえ》を歩《ある》くキタキツネ

○もくじ写真

・キタキツネの足《あし》あと